茶

具茶叶两相宜

主编 王缉东

U0677185

农村读物出版社

图书在版编目（CIP）数据

茶具茶叶两相宜 / 王缉东主编. —北京：农村读
物出版社, 2011.5
（怡情茶生活）
ISBN 978-7-5048-5460-5

Ⅰ．①茶… Ⅱ．①王… Ⅲ．①茶－文化 Ⅳ．
①TS971

中国版本图书馆CIP数据核字(2011)第050212号

策划编辑	黄　曦	
责任编辑	黄　曦	
设计制作	北京水长流文化发展有限公司	
出　　版	农村读物出版社　（北京市朝阳区麦子店街18号　100125）	
发　　行	新华书店北京发行所	
印　　刷	北京三益印刷有限公司	
开　　本	880mm×1230mm　1/24	
印　　张	6	
字　　数	150千	
版　　次	2011年6月第1版　2011年6月北京第1次印刷	
定　　价	36.00元	

茶具是茶文化的重要内容之一，要想真正地品好茶，必须先选择好合适的茶具。许多人日常饮茶，最普遍使用的是一只茶杯，或者再添一把泡茶的壶就可以了。真正爱茶人则不然，泡茶饮茶是有很多讲究的，煮水有煮水的用具，在煎茶之前有把茶叶展开再加工的用具，煎茶、饮茶还另有用具。这种古代流传下来的程序是由当时的饮茶方式和品茶的形式所决定的，倒不是人们故意把饮茶用具搞得那么繁杂，而是人们对于能够创造出具有艺术美的泡茶品饮工具，早已经超出简单喝茶解渴为目的的需求范围。品茶作为一种艺术实践，人们对品茶艺术的工具——茶具，求其实用，求其精良，求其美观，求其本身具有艺术欣赏价值，就是很自然的了。

众所周知，只有茶与茶具相得益彰，才能使茶文化得到完美的融合，因此，茶具的发生与发展，同其他饮食日用器具一样，在与茶文化相生相伴的过程中经历了一个从无到有、从共用到专用的历程。都市文明中，赏茶、品茶俨然已经成为了一种新的时尚，那么，作为极具品味和特殊文化背景的各式茶具也在渐渐成为品质和时尚的先驱，要怎样使茶与茶具合理搭配，真正做到茶与茶具共舞，慢慢成为爱茶人不可或缺的必备知识。

本书是一本针对现代人的茶知识百科，其突出特点在于它的实用性和市场的缺失性。全书用言简意赅的语言以及丰富的图片给读者展示了一个更加直观易懂的茶文化世界，它不仅是许多爱茶人的入门手册，更是许多专业人士的茶知识宝典。让我们一起致力于茶文化崭新的艺术内涵，真正将茶作为现代人享受生活的一种休闲方式，通过泡茶、饮茶来陶冶情操、修身养性。

前言

一 精彩大杯——一杯走天下

二 专业懒人首选——瓷盖碗

三 最显范儿的茶具——紫砂壶

目录

CONTENTS

一

精彩大杯/

一杯走天下

吃饭用碗，喝水用杯。虽然对泡茶喝茶无比热爱，但依然改变不了日常生活中，绝大多数的时候，我们得用杯子饮水喝茶的习惯。

如果非要划定界限，大杯喝茶为解渴，身体的需要；小杯品饮为享受，心的需要。但这可不是说大杯泡茶是将就凑合，小杯品饮才讲究格调。我们的口号是：用大杯泡茶喝出小壶小杯的滋味，时刻享受茶味人生。

仔细观察身边，同事的桌上，朋友的家里，各种各样的杯子的吸引力实在是不比工夫茶茶艺杯具低。玻璃的先不说，瓷杯的花色品种就足够大家去彰显个性了。外贸小店、家居卖场、厨具商店、陶瓷专卖和小商品市场里蛰伏着千般样式万种色彩的陶瓷杯，一不小心就带一只回家，然后发现——又买多了。

茶具市场从来没有忽视过大杯子。玻璃、陶瓷、紫砂、塑料，各种材质做成的杯子应有尽有，最让办公室一族心头发痒的是那些自称"专门用来泡茶"的稀奇古怪的杯子。杯子的高矮胖瘦形形色色，简单粗暴地划分，杯子有带把柄、不带把柄的；正常高度和矮一点的；带内胆和不带内胆的，再加上由这几种交叉配列组合而成的，诸如高的带把柄的、高的不带把柄的，和矮的带把柄的、矮的不带把柄的……

对茶有要求的人对杯子的要求同样不低。我们先来看看这些精彩的杯子。

先说不带内胆的杯子。

玻璃杯，晶莹剔透，形状多为简单直筒圆形或多棱，无印花、无雕花为好。

玻璃杯将让使用者对清洁要求的细腻程度暴露无遗——玻璃杯易冲洗干净，但如果没彻底洗净或没擦干，水渍必现！泡茶用的玻璃杯应是耐高温的，水晶玻璃杯好看，但泡茶用危险。用玻璃杯泡茶喝茶对茶叶应有一定要求，因为玻璃杯能很好观赏"茶舞"。所谓"茶舞"需要较好的茶叶在水中表演，不太匀整、芽叶不全的茶叶还是用瓷杯吧，眼不见心不烦。

瓷杯只能从杯口看茶，各种花色和形状只是为了彰显个人审美取向，各种瓷、各种图案、各种形状，可选择余地相当之大。因为不透明，所以比透明玻璃杯多了几分神秘，于是和杯子的主人也有了些距离产生的美感。

瓷杯可以偷懒，如果没有当天清洗也可大大方方拿到盥洗室冲洗，还可用新茶水痕盖住旧痕，杯子里面的情况虽然也可看出主人的卫生细节，但需要特意看才能发现，不似玻璃杯全部清澈地亮在外面。瓷杯中半根手指头能够到杯子底部，好刷洗，正常的杯子洗刷还算容易，个别造型茶杯需要细节处理。

其他区别无非是带把柄的好持拿不烫手，矮杯盛水少，容易产生喝很多水的成就感。除了需要注意按照杯子的大小，成比例地增加或减少放茶叶的量以外，只有一点需要注意：没有内胆的杯子放茶叶宁少毋多，尤其是泡后滋味甚浓的茶，如铁观音、云南晒青绿茶等。

各种大杯与其最佳拍档茶

杯型	最佳伴侣
直筒璃玻杯	绿茶、白茶、黄茶
其他单杯	花茶、绿茶
套杯	铁观音、普洱茶、红茶

再看有内胆的套茶杯。

有内胆的套杯是比较讲究饮茶的人在办公室喝茶的最佳选择（办公室有品饮的壶具、杯具者除外），不似其他无内胆的杯子那样"业余"。带内胆的杯子（尤其是带封闭式内胆的杯子）已经基本可以完成小壶冲泡的各个步骤，不同的是更加粗放和规模化一些，茶汤产量较大。带内胆的杯子胜任所有茶叶类型的泡饮。

有内胆的杯子分封闭内胆和不封闭内胆两种，封闭式内胆茶叶可由内胆完全与水隔离，不需拿出，茶杯就可以在需要的时候滤出茶水饮用；不封闭式内胆（如下图）是在需要的时候提起内胆，连带茶叶放在一边，饮用茶水。这两者中，封闭式内胆茶杯又显得细腻一些。

1. 直筒玻璃杯泡茶

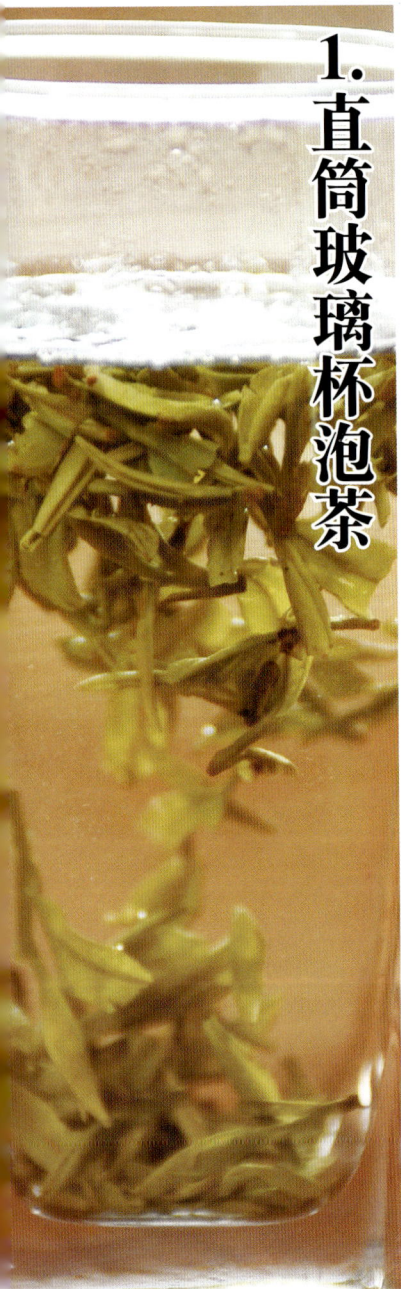

泡饮西湖龙井茶

茶具档案

· 入选理由：利于观看茶叶舞蹈，最适合泡好看的绿茶。
· 冲泡难易：易。
· 使用贴士：注水勿满。
· 茶具养护：用后洗净，可使用洗涤剂，冲净后擦干。

茶叶伴侣

· 茶叶品种：绿茶。
· 产地和特点：扁平的形状，光滑挺直，色泽鲜绿，有"绿茶皇后"之美誉。滋味鲜醇甘爽，淡而有味，香气馥郁，茶水色为清澈明亮的浅绿色。龙井茶最正宗的产区为西湖产区的西湖龙井，次之为钱塘龙井、越州龙井。
· 泡茶水温：75~80℃。
· 茶叶用量：3克。

推荐场合

· 不以饮茶为主的朋友聚会；独饮伴读。

品茶心情

· 适合心情比较明朗通透的时候。

同法可泡的茶

· 碧螺春、黄山毛峰等各种绿茶。

冲泡西湖龙井茶

茶荷：泡茶前把茶叶从茶叶罐里取出后暂时放置的器具，也用来给朋友们展示茶叶的形美，称为"赏茶"。而茶则是专门用来取茶叶的茶具。

① 用茶则取出茶叶放在茶荷里。

② 准备好主泡茶器具。

③ 倒入沸水半杯，用沸水温烫茶杯。

④ 斜着杯身转动杯子烫洗。

⑤ 然后把水倒掉。

用杯子泡茶时温烫茶杯主要为了清洁，让饮茶的人心里有安全感，感到洁净卫生。

⑥ 冲入沸水。

⑧ 茶入茶杯。可以用茶匙拨入，也可以通过茶荷直接放入，还可以放在干净的纸上倒入，或洗净手后用手放入茶叶。

贴士　细嫩的茶叶泡茶用的水不能是100℃的沸水，会烫熟茶叶，影响茶叶香气。所以沸水需放凉至80℃左右再用，这样的严格要求基本只限于绿茶、黄茶、白茶的细嫩高档茶叶。

⑦ 轻摇茶杯，将开水凉至80℃。

贴士

茶叶的几种泡法：

(1) 先茶后水——叫做下投法，适合绝大多数茶叶冲泡，如中档（一般）绿茶、花茶、乌龙茶等。

(2) 先水后茶——叫做上投法，适合高档绿茶等细嫩茶芽制成的茶叶。

(3) 先茶少量水再水，或少量水后茶，再水——中投法，适合高档绿茶等细嫩茶芽制成的茶叶。

⑨ 见茶叶稍稍舒展，再倒入80℃左右的沸水至杯子的七成满。

⑩ 茶叶舒展，悠然漂舞，满饮细品（杯里的茶水不要全部喝完，留下一些水）。

茶知识：绿茶是什么样的茶叶

把茶树的叶子采下来，让茶叶还来不及氧化发酵，就用高温固定茶叶的品质、香味，再经过揉、按等方法让茶叶具有一定形态，最后干燥制成茶叶，这就是绿茶，比较专业的说法是"不发酵茶"。茶叶、茶水（在南方茶产区可以看到）、泡后的茶叶（茶渣或叫叶底）都是绿绿的颜色，因此"绿"就是绿茶的特点。

绿茶的特点是鲜、爽、淡，茶水的颜色也很淡。闻着似有似无的香气，看着漂浮的茶叶，关于春天，关于青春，关于人生与情爱的诸般感受在心头涌动，人们对绿茶的喜爱是不需要解释的。

无论产量还是喜爱它的人数，绿茶都稳稳占据第一。泡绿茶和饮绿茶建议首选玻璃杯，虽然茶叶在玻璃后面浑然忘我地起舞，茶水却把绿茶溶解的灵魂送给了人们，让人融化在绿意春色当中。迅速发散到全身的淡淡香气让人无比眷恋。

2.中等玻璃杯泡茶

泡饮白牡丹

茶具档案

· 入选理由：白牡丹形态自然，有独特的外观色泽，很适合观赏。

· 使用要点：注水勿满。

· 茶具养护：用后洗净，可使用洗涤剂，冲净后擦干。

茶叶档案

· 茶叶品种：白茶。

· 产地和特点：产区分布于福建政和、建阳、松溪、福鼎等县。白牡丹于1922年创制，原产太湖。1922年，政和开始产制，乃其主产区。它因绿叶夹银色白毫，芽形似花朵，冲泡之后绿叶托着嫩芽，宛若蓓蕾初开，故名白牡丹。两叶抱一芽，呈"抱心形"，叶态自然，色泽呈灰绿色或暗青苔色，叶张肥嫩，呈波纹隆起，叶背遍布洁白茸毛，叶缘向叶背微卷，芽叶连枝。冲泡后滋味清醇微甜，毫香鲜嫩持久，汤色杏黄明亮，叶底嫩匀完整，叶脉微红，布于绿叶之中，有"红装素裹"之誉。具有润肺清热的功效，常当药用。

· 泡茶水温：沸水冲泡。

适宜场合

· 宴请朋友、宾朋赏茶。

品茶心情

· 闲情雅致，较有情趣时。

泡饮白牡丹

② 准备杯具。

① 用茶匙舀取少量白牡丹，放在白色的茶荷上供宾客欣赏茶叶的形和色。

③ 用开水温烫杯具，慢慢转动杯子烫洗。

④ 将温烫杯具的水倒掉。

⑤ 将白茶置于玻璃杯中。

白牡丹的由来

　　白牡丹属白茶类，是白茶中的"骄子"，福建特产。白牡丹的由来还有一个动人的传说呢，传说在西汉时期，有位名叫毛义的太守，因看不惯贪官当道，于是弃官随母归隐深山老林。母子俩来到一座青山前，只觉得异香扑鼻，经探问一位老者得知香味来自莲花池畔的十八棵白牡丹，母子俩见此处似仙境一般，便留了下来。由于母亲年老加之劳累，便病倒了，毛义四处寻药。一天毛义梦见了白发银须的仙翁，仙翁告诉他"治你母亲的病须用鲤鱼配新茶，缺一不可"。毛义认为这定是仙人的指点。此时正值寒冬季节，毛义到池塘里捅冰捉到了鲤鱼，但冬天到哪里去采新茶呢？正在为难之时，那十八棵牡丹竟变成了十八株仙茶，树上长满嫩绿的新芽叶。毛义立即采下晒干，白毛茸茸的茶叶竟像是朵朵白牡丹花。毛义马上用新茶煮鲤鱼给母亲吃，母亲的病果然好了。后来就把这一带产的名茶叫做"白牡丹茶"。

⑥ 将80℃左右的少许开水冲
入杯中,让茶叶浸润10秒
钟左右,使其吸收水分。

⑦ 用高冲法将沸水沿一定方
向冲入杯中,约100～120
毫升。

⑧ 茶叶在水中慢慢展开,欣
赏完即可品茶。

什么是白茶

　　白茶是中国六大茶类之一。顾名思义,这种茶是白色的,一般地区不多见。白茶生产已有200年左右的历史,最早是由福鼎县首创的。该县有一种优良品种的茶树——福鼎大白茶,茶芽叶上披满白茸毛,是制茶的上好原料,最初用这种茶片生产出白茶。茶色为什么是白色,这是由于人们采摘了细嫩、叶背多白茸毛的芽叶,加工时不炒不揉,晒干或用文火烘干,使白茸毛在茶的外表完整地保留下来,这就是它呈白色的缘故。白茶是指一种采摘后,只经过杀青,不揉捻,再经过晒或文火干燥后加工的茶。白茶白毫显露。比较出名的是出自福建北部和宁波的白毫银针,还有白牡丹。

3. 其他单杯泡茶

泡饮祁门红茶

茶具档案

- 入选理由：红茶可分杯泡和壶泡两种，其体积小巧，便于冲泡，故经常选择单杯冲泡。
- 使用要点：注水勿满。
- 茶具养护：用后洗净，可使用洗涤剂，冲净后擦干。

茶叶档案

- 茶叶品种：红茶。
- 产地和特点：我国红茶源于福建武夷山星村镇桐木村的正山小种红茶。祁门红茶主要产于安徽省祁门县。中国红茶呈黑色，或黑色中掺杂着嫩芽的橙黄色，其色艳味醇、茶性温和。祁门红茶外形条索紧细秀长，完整均匀，略带弯曲，金黄芽毫显露，锋苗秀丽，色泽乌润，为棕红色。
- 泡茶水温：100℃。

适宜场合

- 朋友聚会、独饮。

心情指数

- 适合心情明媚舒畅值较高时期。

泡饮祁门红茶

贴士 用茶匙将茶荷中的红茶轻轻拨入壶中。祁门工夫红茶又被誉为"王子茶"。

冲泡红茶的水温要在100℃，刚才初沸的水，此时已是"蟹眼已过鱼眼生"，正好用于冲泡，而高冲可以让茶叶在水的激荡下。充分浸润，以利于色、香、味的充分发挥。 **贴士**

① 备茶备具，用茶则取少量祁门红茶，供宾客欣赏茶叶的形和色。

② 将茶叶投入杯中。

③ 用开水冲泡红茶。

④ 品饮。

红茶是什么茶

红茶大约出现在我国明代的福建崇安一带，称为"小种红茶"，小种红茶后来演变为工夫红茶，并于清代光绪年间传至安徽祁门以及江西、湖北等地。19世纪，红茶的制法传至国外，印度、斯里兰卡等国先后开始生产红茶，并对工艺加以改进，将叶片切碎后再发酵、干燥，制成红碎茶。目前，红茶（主要是红碎茶）是世界上消费量最大的茶类。我国自20世纪50年代也开始生产红碎茶，并成为重要的出口产品。

茶知识：红茶和红碎茶

红茶的香气和滋味与绿茶完全不同。绿茶清新淡雅，红茶香甜浓郁。

红茶是世界上很多国家的人都非常喜欢喝的茶，如英国、法国、土耳其、印度等国家。所有饮用和生产红茶的国家所用的红茶和生产工艺最早都是引进自中国。中国福建有一种红茶，叫做"正山小种"红茶，就是世界闻名的拉普山小种红茶。

因为红茶带有浓重的异域文化和风情，所以很受年轻人的喜欢，无论柠檬红茶、珍珠红茶都迅速地成为时尚饮品。红茶有很强的亲和力，可以和水果、牛奶、糖调饮，也可以泡饮花草、桂圆、枸杞、姜片等，味道都香甜可口。

红茶经过完全发酵，茶性柔和不刺激。有条形的红茶，泡茶后茶叶的形态保持了茶叶采下来时的形状；还有红碎茶，在制作过程中茶叶被切碎，茶叶制成后是小颗粒形，泡开后可以看出茶渣是切碎的茶叶。红条茶能冲泡多次，红碎茶一次就能全部浸出所有茶叶中物质，快捷但不能持久。

4. 套杯泡茶

泡饮冻顶乌龙茶

茶具档案

- 入选理由：带内胆的套杯最大的好处是可以分离茶叶和茶水，泡好的茶水不会因茶叶持续地泡在茶水中而使茶水变得苦涩难饮。
- 冲泡难易：杯内视线不好，比普通杯子沏茶稍有难度。
- 使用贴士：注意茶叶用量，冲入沸水时仔细观察水位上升情况，以免"水漫金山"。
- 茶具养护：用后洗净，有釉面的瓷质套杯可使用洗涤剂，冲净后擦干，紫砂等陶套杯和不挂釉瓷套杯只用沸水冲净即可。
- 选购秘籍：陶瓷的套杯最好选用白色或浅颜色图案的杯具。相对深色的和图案艳丽的陶瓷制品，浅色陶瓷重金属含量低于深色和鲜艳颜色的陶瓷制品。选购紫砂杯时，用沸水浇淋一下，闻闻下杯子里是否有不自然的味道，应选无异味的。最好选用杯盖平而无纽的，这样，杯盖可以翻过来放置取出的内胆。

茶叶伴侣

- 茶叶品种：各种乌龙茶。
- 产地和特点：产于台湾冻顶山上，据说是一位叫林凤池的台湾人从福建武夷山把茶苗带到台湾种植而发展起来的。台湾冻顶乌龙茶的特点是条形卷曲，白毫较多，呈铜褐色。茶条较短，含红、黄、白三色，鲜艳绚丽，叶基部呈淡绿色，叶片完整，芽叶连枝。汤色金黄，明亮清澈，有油光，滋味甘醇，厚重滑口，不苦涩，香气高扬、细长、纯正，因制作不同可

以表现为各种不同的花香或熟果香，是台湾
各种茶类之最。

- 泡茶水温：100℃左右的沸水。
- 茶叶用量：3~5克左右。

推荐场合

- 办公室，三两好友密谈，独饮。

品茶心情

- 有不甚明朗的心绪，需要令自己身心通透时。

泡饮冻顶乌龙茶

① 备茶叶。

② 备好茶具。

贴士

传统冲泡乌龙茶是将茶叶按需倒入白纸，经轻轻抖动后，将茶叶粗细上下分开，并用竹匙将粗茶和细末分别摊开。通常先将碎末茶放入壶底，其上再覆以粗条，茶叶的用量比一般茶要多，以装满壶容积的1/2为宜，约重10克。

④ 将温烫杯具的水倒掉。

③ 用开水温烫杯具。

⑤ 将茶叶投入杯具中。

冲茶时，冲入的沸水要满过茶壶，溢出杯口，这时要用杯盖轻轻刮去浮在茶汤表面的浮沫。

⑥ 冲茶时适合高冲，使壶中茶叶打滚，促使茶叶散香。

⑦ 将套杯里的茶仓内胆取出。

⑧ 最后品饮。

茶知识：乌龙茶

乌龙茶因色泽青褐，故又称青茶，乌龙茶既是茶类名又是茶叶品种名。乌龙茶是中国几大茶类中，独具鲜明特色的茶叶品类。它是经过杀青、萎雕、摇青、半发酵、烘焙等工序后制出的品质优异的茶类。乌龙茶由宋代贡茶龙团、凤饼演变而来，创制于1725年（清雍正年间）前后。品尝后齿颊留香，回味甘鲜。乌龙茶的药理作用，突出表现在分解脂肪、减肥健美等方面。在日本被称之为"美容茶""健美茶"。乌龙茶为中国特有的茶类，主要产于福建的闽北、闽南及广东、台湾三个省。近年来四川、湖南等省也有少量生产。乌龙茶除了内销广东、福建等省外，主要出口日本、东南亚和销售到港澳地区。

乌龙茶是一种个性鲜明的茶叶，常常是泡一杯好乌龙而一屋盈香。关于乌龙茶，下面的几点一定要知道。

绿叶红镶边：乌龙茶是发酵茶，但没有完全发酵，所以叫半发酵茶。因为工艺中有摇动茶叶和晾凉茶叶反复进行的"摇青"工艺，叶子的边缘在摇动中擦伤，所以发酵程度高于叶子其他部位，叶子边缘发红，像镶了条红色的边，故说到乌龙茶时必言"绿叶红镶边"。

工夫茶：中国传统的工夫茶流传于广东潮汕一带、福建的漳州、泉州一带的，是一种非常讲究的茶饮方式，冲泡用具、冲泡技巧、用茶，甚至用水、烧水都非常精细和隆重，具有地方特色和文化色彩。工夫茶是现代泡茶方法的基础，所以乌龙茶的冲泡品饮与工夫茶的冲泡品饮经常被认为是一回事。

茶叶外形：乌龙茶有条形的和球形的两种外形。

韵和回味：一般描述乌龙茶，多会把某种茶的香气、滋味、回味等综合成一个字，"韵"。岩韵、音韵、清韵、蜜韵等，颇有可意会不可言传的意味。

二

专业懒人首选／

瓷盖碗

大凡人们提到喝茶，都会联想到清静的环境、飘逸的人物、怡然自得的心情。品一杯淡淡的茶，身心两疲的我们能够找到都市里真正清净的所在，瓷盖碗是饮茶人的好伙伴，不仅因为它与茶匹配，也因为它不需要多么富丽堂皇的装扮，不需要多么复杂的程序，它只会安安静静地装满一缕清香躺在桌子上，随着你的心情，懒洋洋地陪你度过一整段不需要人陪的时光。

　　盖碗究竟起源于何时，唐代卢仝的茶诗说："七碗过后，腋下就有习习风生"，不知道是不是就是指盖碗。品茶讲究之人一直对于盖碗的印象也不怎么好，觉得它是一种虚伪的意象符号。就如古代的官场交际，主人接见客人，都会为客人奉上一盏盖碗茶。倘若主客间话不投机，抑或心中暗生厌恶，主人就端起盖碗向客人劝茶，这时便有精明的仆人心领神会，在壁后大喊一声"送客"，客人不得不起身告辞。

懒人的好心情都是来自于顺风、顺水、顺心、顺意的情、景、物，凡是累心、烦心的，咱都绕着它走，便可以懒得舒坦，瓷盖碗很大程度上满足了懒人们的这一需求。

盖碗的简单之处还在于它综合天地人，可泡可饮的兼容气质，这对我们大部分懒人来讲是难能可贵的，有的时候，品茶，品的就是一种心情，许多很名贵的茶具需要很复杂的茶艺程序，当你按部就班地泡好茶后，大概连最初的赏茶的心情都没有了，所以对于真正喜欢喝茶的朋友来讲，有时候，我们要的只是简单的茶滋味，这个层面上，我是必须倾向瓷盖碗的，简单而又不乏品位，的确是难得的茶饮良伴。我们品茶赏茶要的不就是份轻松吗？

盖碗敞口带盖，小巧端庄。温烫、放茶叶、泡茶、观察茶叶和茶汤、清洗都很直接方便。单看茶叶市场里大多数茶叶店老板都用盖碗泡茶，就知道在这些每天要泡无数次茶叶给客人试饮的老板们心中，盖碗是最省时、省事的泡茶工具。盖碗不仅"懒"，还是全才，除泡茶以外，盖碗即可作泡茶具，泡茶后倒出茶水分饮，也可以泡茶后直接以盖碗为杯饮用。

盖碗好用，但用好可不易。看别人手持一个薄瓷盖碗，滚沸的水冲进去倒出来，干净利落从容不迫，举手投足间那种帅劲儿令人心动。可盖碗到了自己手上就不是那么回事了，全然没那么听话了，刚开始用盖碗不怕烫和没烫着的人大概没有。可知，"懒人茶具"盖碗精巧实用，可使用的技术指数不低呢。

盖碗又称"三才碗"，盖为天、托为地、碗为人。茶托为免烫手，盖子刮拂茶水推开茶叶，三件一体雍容端庄。盖碗大体形状相似，细微处又变化万端。

市场上的盖碗差别主要为材质不同、容积不同，还有的盖碗省略了茶托。根据盖碗容积的不同，投茶量应随之调整。我们使用最多的是中、小形盖碗，投茶量一般为5~7克。

1. 盖碗代壶泡茶分饮

泡饮铁观音

茶具档案

- **入选理由**：当盖碗用于泡茶时，盖碗当荣膺"懒人"茶具的称号。除了使用中快捷利落的优点外，最省事的莫过于用后的冲洗。此外最充分的理由是——铁观音产地一带冲泡铁观音都习惯使用盖碗。

- **冲泡难易**：较难。使用中容易被烫。

- **使用贴士**：倒出茶水时，一定要注意，盖碗出水的位置一定在持拿盖碗的那只手的拇指和食指之间的位置，稍微一偏，流出来的茶水就可能烫手。另外盖碗的大小、薄厚等细节都会影响使用，所以应挑选大小合手、薄厚适度（胎太薄的瓷器传热快）的盖碗，开始使用时，茶叶和沸水的用量都稍小为好。

- **茶具养护**：盖碗最常见的是瓷盖碗，这也是最合用的盖碗。用过后倒掉茶渣，用沸水一冲盖碗就干净了。这比清理茶壶简单多了。长时间使用后盖碗的地足等处有茶渍，可用洗涤剂清洗干净。

茶叶伴侣

- **茶叶品种**：铁观音。

- **产地和特点**：铁观音产于福建闽南安溪一带。是乌龙茶里的大宗，也是与大红袍齐名的乌龙茶名品。传统铁观音是条形的，现在铁观音为卷曲的球形，颗粒重实，"青蒂绿腹蜻蜓头"状。铁观音香气浓郁持久，有天然花香、果香，茶水颜色为金黄色，清澈光亮，醇厚甘鲜，回甘明显，香气持久。泡过的茶叶展开后可见半发酵茶的共同特征——绿叶红镶边。

· 泡茶水温：100℃左右的沸水。
· 茶叶用量：5克左右。

推荐场合

· 家居、办公室，商务会谈。

品茶心情

· 各种心情均可。

泡饮铁观音

① 备好茶叶。

② 备好并展示茶具。

> **贴士**
>
> "观其形"，指"观外形、色泽、形态"，铁观音成品茶重似铁，色泽青褐，显砂绿。优质铁观音茶条卷曲、沉重，呈青蒂、绿腹、蜻蜓头状，色泽鲜澜，砂绿显，红点明显，叶表带白霜。

③ 热水烫盖碗，这一步既可以温盖碗又可以起到消毒的作用。

④ 用开水温烫品杯，以提高杯的温度。

⑤ 将温烫品杯的水倒掉。

将铁观音装入盖碗，美其名

贴士 曰"观音入宫"。

⑥ 将茶叶投入盖碗中。

⑦ 冲入沸水，冲泡茶叶。

⑧ 将冲泡好的茶汤倒入公道杯中。

贴士

最好用泉水煮泡，为体现出铁观音独特的香韵，水温一定要达到100℃。提起水壶，对准盖碗，悬壶高冲，先低后高冲入，使茶叶随着水流旋转而充分舒展。

⑨ 将公道杯的茶汤分入品杯中。

⑩ 鉴赏汤色，最后是品饮。

铁观音的品饮艺术

　　铁观音的品饮艺术，主要讲究观其形、思其美、演过程、听其声、表其义、察其色、闻其香、品其味等八个方面。

关于铁观音的传说

　　相传，安溪西坪南岩仕人王士让，清朝雍正十年中副贡，乾隆六年曾出任湖广黄州府蕲州通判，曾经在南山之麓修筑书房，取名"南轩"。清朝乾隆元年（1736年）的春天，王与诸友会文于"南轩"。每当夕阳西坠时，他就徘徊在南轩之旁。有一天，他偶然发现层石荒园间有株茶树与众不同，就移植在南轩的茶圃，朝夕管理，悉心培育，年年繁殖，茶树枝叶茂盛，圆叶红心，采制成品，乌润肥壮，泡饮之后，香馥味醇，沁人肺腑。乾隆六年，王士让奉召入京，谒见礼部侍郎方苞，并把这种茶叶送给方苞，方侍郎品其味非凡，便转送内廷，皇上饮后大加赞誉，垂问尧阳茶史，因此茶乌润结实，沉重似铁，味香形美，犹如"观音"，赐名"铁观音"。

2. 盖碗亦泡亦饮

泡饮茉莉花茶

茶具档案

- 入选理由：老北京喜欢喝茉莉花茶，过去讲究点的人家用盖碗泡茉莉花茶。盖碗的盖子稍微倾斜，悠悠的茉莉花香四溢，轻轻啜一口……很容易让人联想到清宫戏里的场景。
- 冲泡难易：较难。
- 使用贴士：如果用盖碗泡茶后分饮，可以用没有托的杯、盖两件套盖碗，如果泡完茶直接饮用，还是用三件套的比较好，而且应连杯托一起持拿杯子比较妥当。
- 茶具养护：饮茶后用清水洗净，用沸水烫净，晾干。

茶叶伴侣

- 茶叶品种：茉莉花茶
- 产地和特点：茉莉花茶产于福建、广西、云南、四川等地，是用绿茶加入茉莉花窨（熏的意思，可读"熏"和"印"两个音，比较专业的读作"印"的音）制3次以上，窨制次数越多茶越香，价格也越贵。如果买茶叶时问："这是几窨的茶？"，店主就知道你是内行人了。
- 泡茶水温：90℃左右的沸水。
- 茶叶用量：3～5克左右。

推荐场合

- 办公室，家居，密友相会。

品茶心情

- 冷热不分、身心混沌时需要饮一杯茉莉花茶。

泡饮茉莉花茶

贴士
一般品饮花茶的茶具，选用的是有盖瓷杯或盖碗（配有茶碗、碗盖和茶托），如果冲泡的茶胚是特别细嫩的花茶，为提高艺术欣赏价值，也有采用透明玻璃杯的。

① 备茶备具。
② 视茶碗大小，每杯置茶3~5克。

③ 提起水壶将少许沸水沿同一方向高冲入盖碗，让茶叶充分湿润，吸收水分。

④ 浸润约10秒钟后，冲水入杯至七八分满，然后加盖，以保茶香。
⑤ 冲泡约3分钟后，茶味、香气已充分表现出来，即可开始品饮，品饮时，应闻香、品味并举。

花茶是什么茶

花茶是用茶叶和各种鲜花拼合制成的，因茶叶有极强的吸附性，将加工干燥后的茶叶与各种香气馥郁的鲜花混合，茶叶吸附了香气，即可成为各种花茶，如茉莉花茶、珠兰花茶、白兰花茶、玫瑰花茶、桂花茶等。花茶茶汤色深，深得偏好重口味的中国北方人喜爱。最普通的花茶是用茉莉花制的茉莉花茶，普通花茶都是用绿茶制作，也有用红茶制作的。花茶主要以绿茶、红茶或者乌龙茶作为茶坯、配以能够吐香的鲜花作为原料，采用窨制工艺制作而成的茶叶。根据其所用的香花品种不同，分为茉莉花茶、玉兰花茶、桂花花茶、珠兰花茶等，其中以茉莉花茶产量最大。

花茶是我国特有的茶类。主要产于福建、浙江、安徽、江苏等省，近年来湖北、湖南、四川、广西、广东、贵州等省、自治区也有生产，而非产茶区的北京、天津等地，也从产茶区采进大量花茶毛坯，在花香旺季进行窨制加工，其产量也在逐年增加。

花茶产品，以内销为主，从1955年起出口港澳地区和东南亚，以及东欧、西欧、非洲等地。

花茶，在作为饮料的同时，还能让人领略到天然的花香，有如置身花丛之中，享受到田园生活的乐趣。有人说，花茶是诗一般的茶，它融茶韵与花香于一体，通过"引花香，增茶味"，使花香茶味珠联璧合，相得益彰。

泡饮花茶，有不少人喜欢先欣赏一下花茶的外形，通常取出冲泡一杯花茶的数量，摊在洁白的纸上，先观察一下花茶的外形，闻一下干花茶的香气，由此平添品赏花茶的情趣。

花茶的泡饮方法，以维持香气不致无效散失和显示特质美为原则，这些都应在冲泡时加以注意。花茶香气四溢，经闻香后，待茶汤稍凉适口时，小口喝入，并将茶汤在口中稍事停留，以口吸气、鼻呼气相配合的动作，使茶汤在舌面上往返流动一两个来回，充分与味蕾接触，品尝茶叶和香气后再咽下，这叫"口品"。所以民间对饮花茶有"一口为喝三口为品"之说。

花茶一般可冲泡2～3次，接下去即使有茶味，也很难有花香之感了。花茶不仅有茶的功效，而且花香也具有良好的药理作用，有益人体健康。

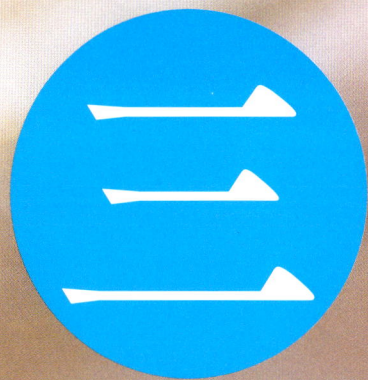

最显范儿的茶具/

紫砂壶

琴棋书画诗酒茶，柴米油盐酱醋茶，茶文化是中华文化的重要组成部分，它传承着中华文明，一直是中国人生活的重要部分，穷人家喝茶，富人家也喝茶，茶上得了厅堂，下得了厨房。它可以草根，可以儒雅，它可以平凡，可以高贵。

　　茶与滚沸的水在紫砂壶中纠结缠绵，孕育出茶和人的无数故事。

　　紫砂壶是明代以后成为主流茶具的，至今仍占据最有人气茶具的地位。用紫砂壶泡茶，说明你对茶和茶具都有了一定要求，在别人眼里你就是个懂得喝茶的人。所以说，紫砂壶是当之无愧的最显范儿的茶具。

　　我们的现代文明中，高节奏的都市生活，经常会把我们内心的那一缕宁静淹没在人海中，而拥有一把紫砂壶，泡一杯好茶，是很容易来救赎我们心灵的，它独特的气质给了我们很多澄净的空间来摒弃喧嚣，回归自我。紫砂壶无疑是最能体现中国茶文化气质的一种茶具。

紫砂壶的自然古朴形象能够体现时代思潮与茶饮形式的融合。因此，曾经大量文人参与紫砂器的创作活动，推动了士人的购藏风尚，引导了紫砂技艺在艺术典雅情趣上的丰富与提高。文人参与紫砂器的制作活动，有着多种的形式，除了邀请著名艺匠特别制作外，大多文人是自己亲自设计外形，题刻书画，运用诗书画印相结合的形式，从艺术审美的角度追求紫砂器的外在鉴赏价值。这样，也就使一些具有相当文化底蕴的艺匠同时成为制作紫砂精器的大家，如时大彬、徐友泉、陈鸣远、陈鸿寿、杨彭年等都是兼具文人艺匠双重身份的紫砂制作大师。文人对紫砂壶创作的参与，同时促进了茶文化与文学的交流，这种交流不是凑合附加，而是气血相容的多方面的思想意识的交融。紫砂器的古朴典雅，凝聚着茶文化的深厚的自然气韵，文人在冲泡品饮的意境中寻求到了天地间神逸的心灵感受。

紫砂制作中的艺术化变革，不但扩大了茶文化的思想内涵，而且丰富了茶精神的外延空间。中国茶文化本身追求朴拙高尚的人生态度，但唐宋时期繁琐的茶饮礼仪形式挤掉了茶人的精神思想，留下的只是茶被扭曲的程式形态，喝茶是在"行礼"，品茗是在"玩茶"。而紫砂器的风行，打破了繁复的茶饮程式，一壶在手自泡自饮，文人在简单而朴实的品饮中，可以尽心发挥思想，体验紫砂自然的生命气息带给人的温和、敦厚、静穆、端庄、平淡、闲雅的精神韵律。

紫砂器的风行和推广，也带给壶艺以变革。自时大彬起，一反旧制，制作紫砂小壶。周高起《阳羡名壶系》说："壶供真茶，正是新泉话火，旋瀹旋啜，以尽色声香味之蕴，故壶宜小不宜大，宜浅不宜深，壶盖宜盎不宜砥，汤力茗香，俾得团结氤氲。"冯可宾也在《茶笺》中对紫砂小壶的盛行趋势作了说明："茶壶以陶器为上，又以小为贵，每一客，壶一把，任其自斟自饮，方为得趣。壶小则香不涣散，味不耽搁。"紫砂小壶的精巧，带给人不光是茶的真味，而且融汇着天、地、人、茶的统一意念。

不得不说，紫砂壶不仅是我们在品茶、鉴茶过程中最显范儿的茶具，更是我们中国茶文化的骄傲。

生活中，天天喝茶，怎样喝好茶？

喝好茶，泡出好茶味，关键选择好的紫砂朱泥壶。朱泥壶的雅致、红亮嫩滑，让经常喝茶的人爱不释手，赏玩朱泥壶是一种其乐无穷的生活方式。

朱泥壶是别具一格的宜兴壶艺，虽然同属宜兴系列，但不论形制上、泥胎的组成上、茶艺文化的内容上、壶艺出现的文化背景上，都与宜兴紫砂不同，且别具特殊艺术风格，它的红润娟秀是玩家们特别宠爱的，它是茶家们掌中的名门闺秀，可轻轻把玩而不可亵玩。

朱泥壶的胎土与陶瓷工程上所称的红钢砖泥，可以说是完全一样的组成，虽然它的传说甜美神秘，虽然它的成型做工都可令您迷惘神醉，但它的泥料却是人类使用陶泥中最原始也是使用最多的一类（例如希腊的古红泥陶器，中国的红砖陶俑）。只不过制壶的陶家们，为了配制更精细的泥料，将红砖泥以水洗和沉淀，用筛目140～160目的筛子水洗筛选成细腻如腊的泥料，然后制成细如滑脂的美壶。朱泥壶的土质一如其他陶土的成分，除了含铝、含钙、含石英外，最大的特色是含铁量极高，大约可达14%～18%，这也是红泥壶会呈现红色的主要成因。朱泥几乎各地都有，这便是红砖为最普遍建材的原因，将红砖泥淘洗筛细便可得到起码的朱泥了。因各地的泥质含铁量不一定，如要得到饱和的色彩，有时必须添加铁粉。朱泥的原矿土大部分是土黄色的，这与未烧的红砖是黄色的情形一样，含火山堆积岩的土矿会较红些，但可塑性会稍微低一点。

使用朱泥壶的注意事项：朱泥壶的质料已烧至最密致结晶的玻璃相，含铁量也高，所以膨胀系数很大，突然加热有极大的热裂可能性，长久未经使用，壶身已经完全干燥的情况下，温壶的第一泡热水不可直接开盖冲入壶底，否则会迅速在壶身出现开裂的声音（这是很多壶友有过的惨痛经验）。应该合盖冲水，先由温水由盖上方冲下，流至壶身上下四周，让壶身暖身起温，第二泡才用热水以同一手法冲下，使壶身开始均匀发热，下一次的入茶热冲就不虑冲破茶壶了！另外应该注意的是，朱泥壶的做工大多精致细薄，盖子的边缘、盖墙的底沿、盖口的唇边、流口的尖端、耳根的末梢、壶底的脚等小区域都非常尖薄细致，把持操作时都应该手轻心细，避免碰撞缺裂，以便把玩的珍品传世人间。

健康生活，喝茶发呆。一把朱泥壶，一种生活方式。恋上朱泥壶，走上一条天天喝好茶之路，可能那就是你无止境的人生旅途。悠闲的生活，今天，你壶了吗？

1. 朱泥壶——女性的最爱

泡饮凤凰单枞

茶具档案

· 入选理由：两者相得益彰，形神兼备。

· 使用要点：单枞的投茶量一般应控制在6～7分满。

· 茶具养护：仔细养护，及时冲洗擦干。

茶叶档案

· 茶叶品种：乌龙茶。

· 产地和特点：凤凰单枞外形条粗壮，匀整挺直，色泽黄褐，汪润有光，并有朱砂红点；冲泡清香持久，有独特的天然兰花香，滋味浓醇鲜爽，润喉回甘；汤色清澈黄亮，叶底边缘朱红，叶腹黄亮，素有"绿叶红镶边"之称。具有独特的山韵品格。凤凰单枞正宗产地有以"潮汕屋脊"之称的凤凰山东南坡为主，分布在海拔500米以上的乌崇山、乌譬山、竹竿山、大质山、万峰山、双譬山等潮州东北部地区。

· 泡茶水温：100℃沸水。

适宜场合

· 女性朋友聚会、宴饮场合。

品茶心情

· 有饮茶情趣时。

泡饮凤凰单枞（潮汕泡法）

① 备好茶叶、茶具。

② 用开水温烫泥壶，提高壶的温度。

③ 温烫公道杯，也是为了提高温度。

④ 温烫品杯，提高杯底的温度，提高茶香。

⑤ 用夹子夹住品杯，滚动温烫。

⑥ 将温烫品杯的水倒掉。

⑦ 将茶叶投入壶中。

⑧ 用沸水冲泡茶叶。

⑨ 茶叶的白色泡沫浮出壶面，这时，用拇、食两指捏住壶盖，沿壶口水平方向轻轻一刮，茶沫即坠散入茶垫中，然后将盖盖定。

贴士

取沸水，揭罐盖，沿壶口内缘冲入，切忌从壶心直冲而入，那样会"冲破茶胆"，破坏纳茶时细心经营的茶层结构，无法形成完美的"茶山"。冲点要一气呵成，不要迫促、断续，即不要冲出宋人所说的"断脉汤"。

⑩ 将冲泡好的茶汤倒入公道　⑪ 将公道里的茶汤分入品杯中。
　　杯中。

贴士
　　品饮时杯沿接唇，杯面迎鼻，边嗅边饮。饮毕，三嗅杯底。斯时也，芳香溢齿颊，甘泽润喉吻，神明凌霄汉，思想驰古今，境界至此，已得工夫茶三昧。

⑫ 赏茶，品茶。

凤凰单枞取得的成绩

凤凰单枞的产销历史已有900余年。1955、1982、1986年获商业部全国优质名茶称号，1986年在全国名茶评选会上被评为乌龙茶之首。1989年农业部在西安召开的名茶评比会上获名茶金杯奖。1991年在"中国杭州国际文化节"上荣获"文化名茶奖杯"。在国内主销闽、粤，出口日本、新加坡、泰国，港澳等地区也非常推崇这种乌龙茶。

贴士

点茶时冲罐要靠近茶杯，叫"低斟"，以免激起泡沫及发出滴沥声响，这样做还可以防止茶汤散热太甚；要按顺时针方向（三杯以上者）将茶汤依次轮转洒入茶杯，须反复二三次，叫"关公巡城"，使各杯汤色均匀；茶汤洒毕，罐中尚有余沥，须尽数滴出并依次滴入各杯中，叫"韩信点兵"。余沥不滤出，长时间浸在罐中，味转苦涩，会影响下一轮冲泡质量；余沥又是茶汤中最醇厚的部分，所以要均匀分配，以免各杯滋味有参差。

2. 紫砂——本源的美感

小壶冲泡熟普洱茶

茶具档案

· 入选理由：紫砂壶的良好透气性和吸附作用，有利于提高普洱茶的醇度，提高茶汤的亮度。使用要点：二三人同饮普洱茶，一般用250毫升紫砂壶，人多时可用300～400毫升的茶壶冲泡。

· 茶具养护：刚买到的新壶要用茶水煮一煮，以去除"窑味"和土味，并经使用一段时间（俗称"养壶"）后再冲泡好茶，达到"壶熟茶香"的效果。

茶叶档案

· 茶叶品种：特种茶（有些资料把它列为黑茶）。

· 产地和特点：普洱茶是以云南省一定区域内的云南大叶种晒青毛茶为原料，经过后发酵加工成的散茶和紧压茶。其外形色泽褐红；内质汤色红浓明亮，香气独特陈香，滋味醇厚回甘，叶底褐红。

· 泡茶水温：100℃沸水。

适宜场合

· 茶艺鉴赏、朋友聚会。

品茶心情

· 品茶兴致较浓时。

小壶冲泡熟普洱茶

贴士
茶刀是冲泡普洱紧压茶（沱茶、七子饼茶、砖茶、瓜茶等）的专用撬茶工具，经常冲泡品饮紧压形普洱茶最好配备一把茶刀，因为紧压茶紧结难分，手掰困难，且容易掰碎，用茶刀顺茶饼、茶砖等紧压茶的纹理慢慢将其撬拨成薄片，既方便茶叶冲泡出汤，也能较好保持茶叶的完好形态。

① 备好茶叶（图为已经撬开的普洱熟茶块）。

贴士
茶壶宜选腹大的紫砂壶或陶壶，最好选用身圆、壁厚、砂粗、出水流畅者为上，因为紫砂壶内部的双重气孔结构，使茶壶具有良好的透气性，泡茶不走味，能较好地保存普洱茶的香气和滋味。而且普洱茶的古朴内敛和此类壶的形态很相合，也更能彰显普洱茶特有的茶韵。

② 备茶具。

③ 用开水温烫紫砂壶，提高壶的温度。

④ 温烫公道杯，也是为了提高温度。

⑤ 温烫品杯。

⑥ 将温烫品杯的水倒掉。

⑦ 将备好的茶叶投入紫砂壶中。

⑧ 用沸水温润茶叶。

⑨ 将温润茶叶的茶汤倒掉，不饮用。

⑩ 冲入沸开水正式冲泡茶叶。

⑫ 将公道杯中的茶汤分入品
　杯中。

⑪ 将冲泡好的茶汤倒入公道杯中。

⑬ 品饮。

茶知识：普洱茶

普洱茶是因茶叶的出产地、集散地而得名。秦朝嬴政皇帝时期开始设置普洱府，就在今天普洱市（原思茅市）一带，四面八方的普洱茶汇聚到普洱府后流运销售到其他地方。

一般的说法是普洱茶越陈越好，这种说法针对的不是我们刚刚冲泡的已经加工成全发酵的普洱茶熟茶（茶和茶汤的颜色都是红褐色），而是未经发酵或正在自然发酵的，出产于普洱茶产区的用普洱茶原料茶做成的普洱茶生茶。越陈越好说的是这种茶。

普洱茶熟茶茶水的颜色是所有茶中最深的一种，呈浓浓的红色，透亮，茶水的滋味醇厚，普洱茶特有的香味非常浓郁。质量好的普洱茶茶水在经过口腔、喉咙、肠胃的过程中不会有任何刺激感。普洱茶茶性温和，适合中老年人、女性饮用，是目前茶中保健功能呼声最高的几种茶叶之一。

普洱茶的冲泡是一门艺术，它富于变化，讲究个性，提倡创造，而不是一成不变的"定式"。合适的冲泡方法，可以充分展现普洱茶的茶性、茶美、茶俗，可以起到陶冶情操、愉悦身心、养生保健的作用。

一般来说，普洱茶的冲泡要经过选茶、备具、择水、投茶、冲泡、分茶等过程，强调高温洗茶和高温冲泡。茶用量、泡茶水温、冲泡时间是三个关键的要素。

泡茶的水温对普洱茶汤的香气、滋味都有很大影响。古人有"火煮山泉"的说法，以煮水时发出松涛般的响声来确定适宜泡茶的水温。

投茶量的多少可以视壶的容积大小和个人口味而定，若爱喝浓茶的可以适当多投一些。两人用小壶，一般以5～7克茶叶、150毫升的水为宜，茶与水的比例在1∶50至1∶30。

首次冲泡，1分钟左右即可将茶汤倒入杯中，随着冲泡次数的增加，冲泡时间可以慢慢延长，但具体冲泡时间还是要视茶汤的浓淡度灵活把握，有的普洱茶出汤慢，需泡2～3泡后才见馥郁芳香的茶汤。

普洱茶比一般茶叶耐泡，一般可以连续10～20次以上，直到汤味很淡为止。每一次冲泡的水都在适当的时间内倒出，并尽量滤干茶汤，下一次要喝时再加水冲泡，不要长时间浸泡，以免影响茶汤的色泽、香气和滋味。暂时不喝时，应滤干茶汤，打开壶盖。

普洱茶和其他的茶叶不同，是"可以喝的古董"，很少有饮料或食品具备普洱茶这种"可饮、可藏"的双重特性，所以人称其："人人皆可饮，越旧价越高。"

大壶冲泡安吉白茶

茶具档案
· 入选理由：用紫砂壶不失安吉白茶的原味，且香不涣散，得茶之真香真味。
· 使用要点：正常情况下，在壶里放3～5克安吉白茶即可。
· 茶具养护：及时清洁，不要留有太多水渍。

茶叶档案
· 茶叶品种：绿茶（形似白茶，但按其制作工艺应属于绿茶）。
· 产地和特点：安吉白茶鲜叶形似兰花，叶肉玉白，叶脉翠绿，鲜活欲出，其产于浙江省安吉县，属浙江名茶的后起之秀。
· 泡茶水温：95℃。

适宜场合
· 茶艺表演、品鉴。

品茶心情
· 有表演欲望，心情舒畅时。

大壶冲泡安吉白茶

贴士 安吉白茶鲜叶形似兰花，叶肉玉白，叶脉翠绿，鲜活欲出。

① 备好茶叶、茶具。

② 倒入少许开水温烫茶杯，双手捧杯，转旋后将水倒于水盂。

③ 用茶匙取安吉白茶少许置放在茶荷中，然后向每只杯中投入安吉白茶。

④ 冲泡时采用回旋注水法，可以欣赏到茶叶在杯中上下旋转，加水量控制在约占杯子的2/3为宜。冲泡后静放2分钟。

安吉白茶与其他茶不同，除其滋味鲜醇、香气清雅外，叶张的透明和茎脉的翠绿是其独有的特征。观叶底可以看到冲泡后的茶叶在漂盘中的优美姿态。

贴士

⑤ 将冲泡好的茶汤倒入公道杯中。

⑥ 品饮安吉白茶先闻香，然
  后小口品饮，茶味鲜爽，
  回味甘甜，口齿留香。

关于安吉白茶的历史传说

　　传说，茶圣陆羽在写完《茶经》后，心中一直有一种说不出的感觉，虽已尝遍世上所有名茶，但总觉得还应该有更好的茶，于是他后来也不著书，带了一个茶童携着茶具，四处游山玩水，寻仙访道，其实为了再寻找茶中极品。一日，他来到湖州府辖区一座山上，只见山顶上一片平地，一眼望不到边，山顶平地上长满了一种从未见过的茶树，这种茶树的叶子跟普通茶树一样，唯独要采摘的芽尖是白色，晶莹如玉，非常好看。陆羽惊喜不已，立时命茶童采摘炒制，就地取溪水烧开，泡了一杯，但见茶水清澈透明，只闻清香扑鼻，令陆羽神清气爽，陆羽品了一口，仰天道妙："我终于找到你了，我终于找到你了，此生不虚也！"话音末了，只见陆羽整个人轻飘飘向天上飞去，竟然因茶得道，羽化成仙了……陆羽成仙后来到天庭，玉帝知陆羽是人间茶圣，那时天上只有玉液琼浆，不只何为茶，命陆羽让众仙尝尝，陆羽拿出白茶献上，众仙一尝，齐声说到："妙哉！"玉帝大喜："妙哉！"此乃仙品，不可留与人间。遂命陆羽带天兵五百将此白茶移至天庭，陆羽不忍极品从此断绝人间，偷偷留下一粒白茶籽，成为人间唯一的白茶王，直到二十世纪70年代末才被发现，所以品安吉白茶也被称为人间一大幸事。

四

复古的追求／
瓷茶具

瓷茶具在我国茶具文化中占有举足轻重的地位，不仅因为我国瓷器文化源远流长的历史地位，还因为瓷茶具与茶文化特殊的包容性以及相得益彰的自然融合，其在历史上赫赫有名的仿汝窑、龙泉窑等都是瓷茶具中的名贵品种。当然，提到瓷茶具，我们就不能不想到它的另一杰出代表——青花瓷。

青花瓷是瓷茶具中最具韵味、最有文化价值的代表。它纯朴浑厚、明净素雅。明明落笔素净，敷色单纯，但素净中却透着不动声色的奢华，单纯里又显出漫不经心的繁复。它们大都以中国水墨勾染皴擦的特殊晕染，画着栖鹤游风的仙境、吉祥喜庆的图案，仿佛所有的好日子都在那上头过着，朝代更替的世事在它面前如过眼云烟：老僧读经、仙翁采药、高人对弈、骚客吟咏、美人抚琴、樵夫砺斧、村妇桑蚕、牧童弄笛，叶石相依、花草相亲、人兽相和……

青花瓷茶具大多带有些历史的痕迹，它们淡雅清扬，秀拙相蕴，恰恰是纯粹的文人气质，在青花瓷茶具里泡上一杯茶，淡淡茶香和着清扬的韵味，自是吃墨看茶、听香读画、餐花卧琴、吟月担风的雅致。它从不用任何点缀，它们自己已是一个完整的宇宙。不需要任何繁琐的帮衬。恢弘大气的杯盖、自然风韵的茶碗，一派尘埃落定、乾坤朗朗，落笔处正是"空山无人，水流花开"的平和之境。尊的器型是中庸的，介于罐和瓶之间，那是人到中年的坚致沉实。至于精巧玲珑的小盏，正如青葱少年，着色活泼顽皮，憨态可掬。高足碗、高足杯则胎骨轻薄、釉汁纯净，颇得世外高人的幽玄之趣，清逸孤高。青花瓷中值得一提的另类是壶，无论扁壶、执壶都清瘦灵动、轻功了得的样子，不知江湖别号是西门吹雪还是独孤求败……

还有一些什么，我是说不出的，只有古代那双铺釉雕花画梅拂尘的手知道。反正"典雅""古朴""莹润""脱俗""静谧"，青花瓷不会让喜欢这些词语的人失望。无论把它们搁在哪里，都是叫人眼睛一亮的喜悦。

试想一下，一个闲暇的午后，品着一杯饱经历史变迁的瓷杯里散发出来的香茶，该有多么的惬意，如果这是一种小资，那么我宁愿就这么安安静静地不闻世间繁华，在茶的世界里小资下去。

1. 花色瓷壶泡茶

泡饮醉佳人

茶具档案

- 入选理由：高雅的瓷茶具更能衬托醉佳人茶汤的独特品味。
- 使用要点：注水勿满。
- 茶具养护：如果时间长了瓷茶具上有茶渍，可以挤少量的牙膏在茶具上面，用手或是棉花棒把牙膏均匀地涂在茶具表面，这种方法更有利于茶具养护。

茶叶档案

- 茶叶品种：凤凰单枞。
- 产地和特点：产于广东省潮州市，单枞茶，是在凤凰水仙群体品种中选拔优良单株茶树，经培育、采摘、加工而成。因成茶香气、滋味的差异，当地习惯将单枞茶按香型分为黄枝香、芝兰香、桃仁香、玉桂香、通天香等多种。因此，单枞茶实行分株单采，新茶芽萌发至小开面时（即出现驻芽），即按一芽、二三叶标准，用骑马采茶手法采下，轻放于茶笭内。有强烈日光时不采，雨天不采，雾水茶不采的规定。一般于午后开采，当晚加工。制茶均在夜间进行。经晒青、晾青、杀青、揉捻、烘焙等道工序，历时10小时制成成品茶。单枞外形条粗壮，匀整挺直，色泽黄褐，汪润有光，并有朱砂红点；冲泡清香持久，有独特的天然兰花香，滋味浓醇鲜爽，润喉回甘；汤色清澈黄亮，叶底边缘朱红，叶腹黄亮，素有"绿叶红镶边"之称。具有独特的山韵品格。

· 泡茶水温：100℃。

适宜场合

· 品茶赏鉴、茶艺表演。

品茶心情

· 心情舒畅值较高时期。

泡饮醉佳人

① 备好茶叶。

② 备好茶具。

③ 用沸水温烫瓷壶。

④ 用沸水温烫品杯。

⑤ 将茶叶投入壶中。

⑥ 沸水冲泡，速度要快，冲水时壶水从杯口迅速提至六七十厘米的高度。

⑦ 将冲泡好的茶汤倒入公道
杯中。

⑧ 将公道杯中的茶汤分入品
杯中。

⑨ 闻香、品饮。

2. 瓷盖碗泡茶

泡饮白鸡冠

茶具档案

· 入选理由：青花瓷盖碗保温又不走味，更适合品饮白鸡冠这种茶味较重的茶种。
· 使用要点：茶叶份量占用茶器的2/3量。
· 茶具养护：勿将热青花瓷杯直接浸入冷水中，以免温度迅速改变损伤瓷质。

茶叶档案

· 茶叶品种：乌龙茶。
· 产地和特点：产于广东省武夷山。白鸡冠由在慧苑岩火焰峰下外鬼洞和武夷山公祠后山的茶树所产，芽叶奇特，叶色淡绿，绿中带白，芽儿弯弯又毛绒绒的，那形态就像白锦鸡头上的鸡冠，故名白鸡冠，每月5月下旬开始采摘，以二叶或三叶为主，色泽绿里透红，回甘隽永。
· 泡茶水温：85~95℃沸水。

适宜场合

· 家中聚会显档次。

品茶心情

· 心情自然，有品茶雅兴时。

泡饮白鸡冠

① 备好茶叶。

② 准备好茶具。

③ 用开水温烫盖碗。

④ 温烫公道杯。

⑤ 温烫品杯。

⑥ 取适量茶叶放入盖碗中。

⑦ 冲入沸水冲泡茶叶。

⑧ 将冲泡好的茶汤倒入公道杯中。　⑨ 将公道杯的茶汤分入品杯中。　⑩ 品饮。

白鸡冠的传说

　　相传古时候武夷山有位茶农。一日他的岳父做生日，他就抱着家里的一只大公鸡去祝寿。一路上，太阳火辣辣的，他被炙烤得受不了啦。走到慧苑岩附近，便把公鸡放在一棵树下，自己找了个阴凉的地方，拿下斗笠"噼叭噼叭"地扇起风来。还没一袋烟工夫，忽地听到公鸡"喔"地一声惨叫。他赶忙跑过去看，一条拇指粗的青蛇从他脚边一擦而过，差点把他吓出一身冷汗。再看大公鸡，脑袋耷拉着，殷红的血从公鸡的冠上往下流，一滴一滴正落在旁边的一棵茶树根上。那茶农气得两眼冒火，恨得咬牙切齿，但又无可奈何，他只好在茶树下扒了个坑将大公鸡埋了，垂头丧气空着手去岳父家祝寿。 也不知怎的，慧苑岩附近的这棵茶树打那以后，长势特别旺盛，一股劲地往上窜，枝繁叶茂，比周围的茶树高出一截。那满树的叶子也一天天地由墨绿变成淡绿，由淡绿又变成淡白，几丈外就能闻到它那股浓郁浓郁的清香。制成的茶叶，颜色也与众不同，别的茶叶色带褐色，它却是在米黄中呈现出乳白色；泡出来的茶水晶亮晶亮的，还没到嘴边就清香扑鼻；啜一口，更觉清凉甘美，连那茶杆嚼起来也有一股香甜味，据说喝了还能治病。这茶树就是武夷名茶"白鸡冠"。

3.其他陶艺茶具泡茶

泡饮大红袍

茶具档案

· 入选理由：陶壶的精致品质，更能彰显大红袍的高贵。
· 使用要点：水量以茶量为准，一般1克茶叶20～25毫升水。
· 茶具养护：用完后保持壶内干爽，勿积存湿气。

茶叶档案

· 茶叶品种：乌龙茶。
· 产地和特点：产于福建武夷岩，是茶中品质最优异者，外形条索紧结，色泽绿褐鲜润，冲泡后汤色橙黄明亮，叶片红绿相间，典型的叶片有绿叶红镶边之美感。大红袍品质最突出之处是香气馥郁有兰花香，香高而持久，"岩韵"明显。大红袍很耐冲泡，冲泡七、八次仍有香味。
· 泡茶水温：100℃沸水。

适宜场合

· 高档宴会、重要场合。

品茶心情

· 　　大红袍是稀有茶种，不是人人都有机会品饮，人们很少会因为心情去品它，而是会因为它而改变心情。

泡饮大红袍

① 准备好茶叶。

② 准备好茶具。

③ 用开水温烫壶。

④ 温烫公道杯。

⑤ 温烫品杯。

⑥ 将温烫品杯的水倒掉。

⑦ 取适量茶叶投入壶中。

⑧ 冲入沸水冲泡茶叶。

贴士

　　大红袍需要100℃的水温冲泡，这样才能让茶叶的滋味充分体现。如水温不够，可让冲泡时间更久。

⑨ 将冲泡好的茶汤倒入公道
　 杯中。
⑩ 将公道杯的茶汤分入品
　 杯中。
⑪ 品饮。

高贵的大红袍

　　1921年蒋叔南游记中记当年大红袍每市斤价值64银元，折大米4000斤，这在当时可谓比黄金还贵。

　　1998年8月18日第五次岩茶节，20克母树大红袍首次举行拍卖。并以15.68万人民币一鸣惊人。自大红袍首次举行拍卖以后，大红袍时有拍卖。

　　2002年11月25日，广州茶博会上，20克大红袍以18万人民币的价格一度创下了茶叶拍卖史上的奇迹。

　　2005年4月17日举行的"太平洋花园杯"第七届中国武夷山大红袍茶文化节开幕式上，20克母树大红袍茶叶以20.8万元人民币的成交价格被人拍走，需要指出的是，此次成交价也打破了4月13日在上海国际茶文化节上，20克大红袍19.8万元人民币的最高拍卖纪录，创下了历史新高。

　　2006年，由于经济体制产生变化，有关单位为母树投保，保值高达一亿元人民币，创下了植物保险的新纪录。同年，市政府经研究决定对九龙窠的大红袍母树实行禁采。最后一次采制的产品已收藏于故宫博物院。

单纯简洁派/
大壶套组

喝茶有的时候喝的是一种兴致，品的是一种情趣，而单纯简洁的大壶套组没有复杂的程序，没有繁琐的过程，恰到好处地将这种兴致和情趣在最自然的情况下释放到极致。它不经意间回归了许多人喝茶品茶的初衷，我想这就是为什么很多人喜欢它的原因了，简简单单，一壶几杯，几个友人相聚，满满地沏上一壶好茶，不用烦琐的程序，也不用像小壶那样一次一次的沏茶，简约中饱含情调。用一个友人的话说，大壶泡茶喝得爽快，品得畅快，乐得痛快！

　　相比较各式茶具，大壶套组是爱茶却乐得自在的人群之首选，如果你不愿被过多讲究和各种礼节所束缚，建议大家使用大壶套组，它能使你在简约中真正回归自然。

1. 简洁派泡茶

套壶冲泡桂花乌龙

茶具档案

- 入选理由：简单大气，比起复杂的茶艺程序，用大壶套组冲泡桂花乌龙更符合品茶人的心情。
- 使用要点：茶量是茶壶的1/2或1/3。
- 茶具养护：茶具不用时，尽量放在通风的地方，以更好地保证品质。

茶叶档案

- 茶叶品种：乌龙茶
- 产地和特点：桂花乌龙产于福建安溪，以出口为主，其条索粗壮重实，色泽褐润，香气高雅隽永，滋味醇厚回甘，汤色橙黄明亮，叶底深褐柔软。
- 泡茶水温：95~100℃沸水。

适宜场合

- 家庭宴会、独自品饮。

品茶心情

- 较适合情趣闲雅时品饮。

套壶冲泡桂花乌龙

① 准备好茶叶。

② 准备好茶具。

③ 用开水温烫壶。

④ 温烫品杯。

⑤ 将温烫品杯的水倒掉。

⑥ 取适量茶叶投入壶中。

⑦ 冲入沸水冲泡茶叶。

贴士 桂花乌龙需要100℃的水温，才能让茶叶的滋味比较突出。如水温不够，可让冲泡时间更久。

⑧ 将冲泡好的茶汤分入品杯中。

⑨ 品饮。

桂花茶知识

　　桂花茶是我国的一种名贵花茶，因其香味馥郁持久，茶色绿而明亮，深受消费者宠爱。

　　桂花茶著名的品种有桂花烘青、桂花乌龙、桂花红茶等，它们均以桂花的馥郁芬芳衬托茶的淳厚滋味而别具一格，是茶中的珍品，深受国内外消费者青睐。

　　近年来桂花烘青还远销日本、东南亚，卖价超过其他质量上等的乌龙茶。尤其是桂花乌龙和桂花红茶的研制成功，为乌龙、红碎茶增添了出口外销的新品种。

　　桂花乌龙是"铁观音"的故乡福建安溪茶厂的传统出口产品，主销港澳地区及东南亚和西欧，主要以当年或隔年夏、秋茶为原料，品质特点是：条索粗壮重实，色泽褐润，香气高雅隽永，滋味醇厚回甘，汤色橙黄明亮，叶底深褐柔软。

2. 新简洁派泡茶

大壶冲泡普通绿茶

茶具档案

- 入选理由：简约古朴，更具自然韵味。
- 使用要点：注水勿满。
- 茶具养护：每次用完一定要处理干净水分，以免被腐蚀。

茶叶档案

- 茶叶品种：绿茶。
- 产地和特点：中国生产绿茶的范围极为广泛，山东、浙江、河南、安徽、江西、江苏、四川、湖南、湖北、广西、福建、贵州为我国的绿茶主产省份。绿茶是未经发酵的、中国产量最多、饮用最为广泛的一种茶，它的特点是汤清叶绿。绿茶保留了大量的天然物质成分，对防衰老、防癌、抗癌、杀菌、消炎等均有特殊效果，为其他茶类所不及。绿茶除了茶应有的保健效果外，还可以用来泡澡，绿茶中的成分可以去掉皮肤上的不良微生物，并且具有美白的功效。也可以把泡过的绿茶晒干，装成小包，加上少量的香料或柚子叶，放进衣柜，可以防虫兼有除臭的效果。
- 泡茶水温：85℃。

适宜场合

- 普通聚会、独自品饮。

品茶心情

- 心情舒畅值较高时。

大壶冲泡普通绿茶

① 准备好茶叶。

② 准备好茶具。

贴士

普通绿茶，因不在于欣赏茶趣，而在于解渴，或饮茶谈心，或佐食点心，或畅叙友谊，因此，也可选用大茶壶泡茶，饮茶人多时，用大壶泡法较好。

③ 取适量茶叶投入壶中。

④ 冲入沸水冲泡茶叶。

⑤ 将盖盖好，泡3分钟。

⑥ 将冲泡好的茶汤分入品杯中。

贴士

　　绿茶的投茶方法有三种：上投法、中投法和下投法。普通绿茶一般选用下投法，即先置茶后再冲水。

⑧ 品饮。

绿茶的专业保存和家庭储藏方法

　　根据保存者及绿茶的保存量不同，绿茶的保存和储藏方法主要分为专业及家庭两类。专业保存主要是茶商对其茶品进行保存，绿茶量大；家庭保存主要是保存少量的绿茶。

　　绿茶的专业保存方法有三种：

　　（1）石灰块保存法

　　将生石灰块装在用白细布做成的袋内，把绿茶装在白棉纸袋内，再在外面套上牛皮纸袋，然后将洗净晾干的小口陶坛下面垫上白纸，将装绿茶的白棉纸袋放入小口陶坛内，中间再放上一两个石灰袋，然后密封坛口，以减少空气交换量，此后要及时更换潮解的石灰。

　　（2）炭贮法

　　操作方法与石灰块保存法基本相同。只不过所用的材料是木炭，盛茶器具可以用瓦罐或小口铁皮桶代替。

　　（3）绿茶冷藏法

　　将含水量不超过60%的绿茶茶叶装入镀铝复合袋中，热封口，用抽气机抽出袋中的空气，同时充入氮气，封上封口贴，置于茶箱，然后放入低温冷藏库保存。此法是目前最好的茶叶保存法，保存量大、时间久。

绿茶的家庭保存方法有以下几种：

（1）瓦罐储茶法。具体操作方法与石灰块保存法相同。罐藏法容器不限，重要的是茶要干燥，袋口要封好，此法简便。

（2）塑料袋贮茶法。选用密度大、厚实、强度好、无异味的食品包装袋。可以事先把茶叶用较柔软的干净纸包好，然后置于食品袋内，封口即成。

（3）热水瓶贮茶法。可用保温不佳而废弃的热水瓶，内盛干燥的绿茶，盖好瓶塞，用蜡封口。

（4）冰箱保存法。将绿茶装入密度大、厚实、强度好、无异味的食品包装袋中，然后放进冰箱。此法保存时间长、效果好，但袋口一定要封牢，封严实，否则会损害绿茶茶叶的品质。

提梁壶冲泡黄山毛峰

茶具档案
·入选理由：简约古朴，更具自然韵味。
·使用要点：注水勿满。
·茶具养护：每次用完一定要处理干净水分，以免被腐蚀。

茶叶档案
·茶叶品种：绿茶。
·泡茶水温：85℃。

适宜场合
·普通聚会、独自品饮。

心情指数
·心情舒畅值较高时。

提梁大壶冲泡黄山毛峰

① 准备好茶叶。

② 准备好茶具。

③ 取适量茶叶投入壶中。

④ 冲入沸水冲泡茶叶。

⑤ 将盖盖好，泡3分钟。

⑥ 将茶仓取出。

⑦ 将冲泡好的茶汤分入品杯中。

⑧ 品饮。

六

冰心玉壶的视觉盛宴/

玻璃茶具

玻璃茶具是诸多茶具中较为多见的一种，因其透明的材质与其他茶具能够区分开来，较适合冲泡一些观赏度较高的茶叶，特别是冲泡各类名茶，茶具晶莹剔透，杯中轻雾缥缈，澄清碧绿，芽叶朵朵，亭亭玉立，观之赏心悦目，别有情趣。

　　玻璃在我国古代被称为琉璃或流璃，是一种半透明有色的矿物质。用玻璃所制作的茶具，能让人产生一种光彩照人、色泽鲜艳的感觉。

　　我国历史上虽然琉璃制作的技术起步较早，却并没有应用在制作茶具方面。唐代时，随着中外友好文化交流的逐渐增多，西方有大量琉璃器传入我国，我国广泛吸收和借鉴西方制作琉璃的技艺，开始将其用于琉璃茶具的烧制。唐朝诗人元稹曾经专门写诗赞誉琉璃道："有色同寒冰，无物隔纤尘。象筵看不见，堪将对玉人"。琉璃茶具珍贵如此，甚至唐代在供奉法门寺塔佛骨舍利时，刻意将琉璃茶具也列入供奉之物当中。

　　到了宋代，随着我国琉璃生产制作技术的显著提高，各种独特的高铅琉璃器具陆续出世。据考证，元代、明代时，山东、新疆等地陆续出现了规模较大的琉璃作坊。而清朝康熙帝时，甚至还专门在北京开设了一间宫廷琉璃厂。

　　然而，我国古代虽然已经有了琉璃器件的生产，但主要是工艺品，并没有作为茶具制品而得以广泛生产。

　　一直到近代，我国玻璃工业相继崛起，玻璃茶具因其透明无瑕的质地、光彩夺目的色泽以及极强的可塑性而广泛流行于世。用玻璃制成的茶具，不仅形态上多种多样，而且用途广泛，与此同时，玻璃茶具低廉的价格更是受到很多茶人的好评。

　　用玻璃杯冲泡茶水，茶叶柔软细嫩，茶汤鲜艳明丽，人们甚至能看见片片茶叶在冲泡过程中逐渐舒展、上下浮动，真可说是一种动态美感的艺术欣赏。尤其是用玻璃杯冲泡各类名茶时，一干美景尽收眼底，使品茶者在未品茶之前就已经被这番别有情趣的情景所倾倒，使品茶成为一种美的享受。然而，玻璃杯也有其自身的缺点，由于玻璃本身易碎的属性，所以决定了玻璃茶具容易破碎，而且比陶瓷烫手的特点。不过随着科技水平的逐步发展，现在出现一种钢化玻璃制品，它是经过特殊加工制成的，因而改变了以往玻璃茶具容易破碎的缺点，这也是玻璃茶具生产的一大进步。

　　茶艺中赏茶是十分重要的一个环节，因为有的时候我们品茶品的不仅是味道，更是一种心境。当我们看到清澈透明的玻璃壶中茶叶在水中飞舞，然后片片展开时，犹似雪叶纷飞，纯净动人，真是一种别样的享受。而这种极妙的视觉体验，也只有在玻璃茶具最自然的毫无视觉障碍的情况下才能达到它完美的效果。

　　此外，玻璃茶具除了高透视度，还具以下优势：首先，是它的耐热材质，它可用蜡烛酒精加热，这是很多茶具所不具备的，再就是因为玻璃无毛细孔的特性，不会吸取茶的味道，可以让您能品尝到百分之百的原味，且容易清洗，味道不残留。

　　如果您也喜欢赏茶，喜欢看茶叶飞舞，喜欢品尝原汁原味的茶汤，那么，玻璃茶具一定是个不二的选择。

1. 小壶泡茶

泡饮碧螺春

茶具档案

· 入选理由：用玻璃茶具有利于观赏碧螺春"白云翻滚，雪花飞舞"的优美形态。

· 使用要点：茶量是茶壶的1/3即可。

· 茶具养护：使用完后一定要用清水洗净擦干。

茶叶档案

· 茶叶品种：绿茶。

· 产地&特点：碧螺春是中国十大名茶之一。属于绿茶。主产于江苏省苏州市吴县太湖的洞庭山(今苏州吴中区)，所以又称"洞庭碧螺春"。 太湖水面，水气升腾，雾气悠悠，空气湿润，土壤呈微酸性或酸性，质地疏松，极宜于茶树生长，由于茶树与果树间种，所以碧螺春茶叶具有特殊的花朵香味。洞庭碧螺春茶产于洞庭东、西山的碧螺春茶，芽多、嫩香、汤清、味醇，碧螺春茶条索紧结，卷曲如螺，白毫毕露，银绿隐翠，叶芽幼嫩，冲泡后茶味徐徐舒展，上下翻飞，茶水银澄碧绿，清香袭人，口味凉甜，鲜爽生津，早在唐末宋初便列为贡品。适合用于家庭办公用茶。

· 泡茶水温：70~80℃。

适宜场合

· 最适合茶艺表演。

心情指数

· 有赏茶情趣时。

泡饮碧螺春

① 准备好茶叶。

② 准备好茶具。

③ 用水温烫玻璃壶。

贴士 "仙子沐浴"即用开水清洗一遍干净的玻璃杯,以表示对宾客的崇敬之心。

④ 温烫品杯。

⑤ 取适量茶叶投入壶中。

⑥ 冲入沸水冲泡茶叶。

⑦ 将茶仓取出。

⑥ 搅拌时，汤勺要顺着一个   ⑦ 一杯香浓的奶茶就调好了，可品饮了。
  方向，慢慢搅动。

豪华泡茶阵容／最佳组合茶具

闲暇之时，品一杯芬芳的佳茗，既可陶冶情操，也可以调理身心。如果条件允许，可置办豪华茶盘，泡茶操作平台更开阔，四边排水，畅通无阻。豪华泡茶阵容，应有以下配置：

·全自动煮水功能，水沸自动保温。

·泡茶炉与消毒炉均采用纯正黑晶面板，耐高温，易清洁，永不变色。

·微电脑控制系统，四位数码管与指示灯全过程实时显示状态。

·自动煮水功能，水沸自动保温，一体化的设备。使得你从煮水到泡茶整个过程，变得那么轻松而且快捷。

1. 独饮良伴

小壶冲泡乌龙茶

茶具档案

- 入选理由：最佳组合，真正做到茶叶与茶具相得益彰。
- 使用要点：茶量是壶1/4或1/5的量。
- 茶具养护：注意茶具干爽通风。

茶叶档案

- 茶叶品种：乌龙茶。
- 产地和特点：乌龙茶产地区分：乌龙茶按茶的原产地可分为闽南、闽北、广东潮州以及台湾。

闽南乌龙茶也称安溪茶，代表性的名茶有铁观音、黄金桂、本山、毛蟹。

闽北乌龙茶也称岩茶，主要产于福建武夷山一带，代表名茶有大红袍、肉桂、铁罗汉、水仙等。

广东潮州乌龙茶则以凤凰单枞著称。

台湾乌龙茶主产于中国台湾，因为发酵工艺的不同分为台湾乌龙和台湾包种两大类。冻顶乌龙、青心乌龙以及文山包种名气很盛，但近年来金萱、翠玉等名茶也开始流行。

台湾高山乌龙茶指海拔1000米以上茶园所产制的半球型包种茶。主要产地为台湾省嘉义县、南投县内海拔1000～1300米新兴茶区，因为高山气候冷凉，早晚云雾笼罩，平均日照短，致茶树芽叶所含儿茶素类等苦涩成分降低，而茶胺酸及可溶氮等对甘味有贡献之成分含量提高，且芽叶柔软，叶肉厚，果胶质含量高，因此高山茶具有色泽翠绿鲜活，滋味甘醇，滑软，厚重带活性，香气淡雅，水色蜜绿显黄及耐冲泡等特色。

　　绿茶一般冲泡3次为最佳，乌龙茶则有"七泡有余香"的说法，方法得当每壶可冲泡7次以上。乌龙茶香气浓醇而馥郁，滋味醇厚，鲜爽回甘；叶底边缘呈红褐色，中间部分为淡绿色，形成奇特的"绿叶红镶边"。但从汤色上区分，闽北茶和闽南茶有所不同：闽北乌龙茶汤色较深而闽南乌龙茶汤色清澈明亮。

· 泡茶水温：100℃。

适宜场合
· 各种茶会。

品茶心情
· 较适合心情清爽，烦心事少的时候。

小壶冲泡乌龙茶

① 准备好茶叶。

② 准备好茶具。

③ 用开水温烫紫砂壶。

④ 温烫品杯。

⑤ 将温烫品杯的水倒掉。

⑥ 取适量茶叶投入壶中。

⑦ 冲入沸水温润茶叶。

⑧ 将温润茶叶的茶汤倒掉。

⑨ 将废水冲入壶里冲泡茶叶。

⑩ 将冲泡好的茶汤分入品杯中。

⑪ 品饮。

关于乌龙茶

品乌龙茶时，一般用右手食指和拇指夹住茶杯杯沿，中指抵住杯底，把茶杯从鼻端慢慢移到嘴边，先看汤色，再趁热闻香，然后尝其味。如此品茶，不但满口生香而且韵味十足，能真正领会到品乌龙茶的妙处。

乌龙茶因冲泡时壶小，茶的用量大；加之乌龙茶本身又耐泡，一般可以泡饮5～6次，仍然余香犹存，好的乌龙茶也有泡7次的，称"七泡有余香"。泡的时间也很重要，泡的时间要由短到长，第一次冲泡时间短些，约2分钟，随冲泡次数的增加，泡的时间也相对延长。这样使每次茶汤的浓度基本一致，便于品饮欣赏。

专家同时提醒，品饮乌龙茶有三忌：一是空腹不能饮，否则就会感到饥肠辘辘，甚至会头晕眼花，翻胃欲吐，即俗称的"茶醉"；二是睡前不能饮，否则会使人难以入眠；三是冷茶不能饮，乌龙茶冷后性寒，对胃不利。

专家特别提醒，这三忌对初饮乌龙茶的人尤为重要，因为乌龙茶所含茶多酚及咖啡碱较其他茶多，品饮不当则易伤害身体。

乌龙茶亦称青茶，是我国特有的茶类，也是世界三大茶类之一。

乌龙茶由宋代贡茶龙团、凤饼演变而来，创制于1725年（清雍正年间）前后据福建《安溪县志》记载："安溪人于清雍正三年首先发明乌龙茶做法，以后传入闽北和台湾。"另据史料考证，1862年福州即设有经营乌龙茶的茶栈。1866年台湾乌龙茶开始外销。现在乌龙茶除了内销广东、福建等省外，主要出口日本、东南亚和港澳地区。

2. 众乐乐组合

铁壶煮饮六堡茶

茶具档案

- 入选理由：六堡茶属于黑茶类，对水温要求颇高，较容易达到其需要水温。
- 使用要点：注水勿满。
- 茶具养护：使用完后，一定要擦干，不要留有水渍。

茶叶档案

- 茶叶品种：黑茶
- 产地和特点：因原产于广西梧州市苍梧县六堡乡而得名。六堡茶的产地由原先的广西苍梧县六堡乡发展到广西二十余县，如贺县、横县等。一般采摘一芽二三叶，经摊青、低温杀青、揉捻、沤堆、干燥制成。 分特级、一至六级。有特殊的槟榔香气，存放越久品质越佳。其品质特点是：色泽黑褐光润，特耐冲泡，叶底红褐色，汤色红浓似琥珀，醇和甘爽，滑润可口，有槟榔味，越陈越好。
- 泡茶水温：100℃沸水。

适宜场合

- 宴会、独自品饮。

品茶心情

- 赏茶情趣较高时。

铁壶煮饮六堡茶

① 准备好煮饮的茶叶。

② 准备好煮饮茶具。

③ 将茶叶放入壶里。

④ 向壶里冲入适量水。

⑤ 煮饮六堡茶，一般煮饮 5～8分钟即可。

⑥ 将煮饮好的茶汤分入品杯中。

⑦ 品饮。

泡六堡茶小技巧

每泡须尽量沥尽茶汤，不留余茶在盖碗或壶里，这样可以让每泡倒出的茶汤更为鲜活。这样的泡茶习惯，第一可以避免剩余的茶汤留在壶里久泡，过浓，直接影响下一泡的茶色茶味，第二可以避免剩余茶汤把下一道冲进的开水水温降低，影响冲泡温度。

关于六堡茶的传说

据说很久以前，龙母在苍梧帮助百姓抵抗灾害，造福黎民。死后龙母升仙，想要回到苍梧了解民间疾苦，便下凡到苍梧六堡镇黑石村，发现村里人过着非常困苦的生活。这里多山少田，人们种出的稻米，自己吃都不够，还要拿出一部分到山外面去换盐巴，真是太苦了，怎么办呢？龙母尝试了很多方法也没有用，就在一筹莫展时，她看到黑石山下的泉水清澈明亮，忍不住尝了一口，觉得清甜滋润，异常甘美，而且连所有的劳累也一扫而空了，龙母想了一下，那么甜美的泉水一定能灌溉出好的植物。于是，龙母呼唤农神让它在这里播了些茶树种子，经过悉心栽培，其中一粒长成了一棵长势旺盛、叶绿芽美的茶树。于是，龙母把这棵茶树的存在告诉给当地的人们，嘱咐他们，只要把这棵茶树的叶芽拿去卖给山外的人，就等于把这里甜美的泉水分给他们享受了，就可以换取足够的粮食和盐巴。龙母走后，这棵茶树很快就开花结果了，人们将种子散播开来，变成了漫山遍野的茶树林，遍布六堡镇。这种茶后被人们称为六堡茶。